T/CAGHP 023—2018

目　次

前言	Ⅲ
1 范围	1
2 规范性引用文件	1
3 术语和定义	1
4 总则	2
4.1 应急监测预警目的	2
4.2 应急监测预警任务	2
5 基本规定	3
5.1 工作阶段及流程	3
5.2 响应及启动	3
5.3 应急监测实施	4
5.4 应急监测预警	5
5.5 应急监测解除	5
6 突发滑坡灾害应急监测预警	5
6.1 一般规定	5
6.2 监测内容	6
6.3 监测方法及精度要求	6
6.4 监测频率	7
6.5 监测网(点)布设	8
6.6 监测资料整理分析	9
6.7 监测预警	11
7 突发崩塌灾害应急监测预警	11
7.1 一般规定	11
7.2 监测内容	12
7.3 监测方法及精度要求	12
7.4 监测频率	13
7.5 监测网(点)布设	13
7.6 监测资料整理分析	13
7.7 监测预警	14
8 突发泥石流灾害应急监测预警	14
8.1 一般规定	14
8.2 应急监测内容	14
8.3 监测方法及精度要求	15
8.4 监测频率	15
8.5 监测网(点)布设	15

Ⅰ

8.6 监测资料整理分析	16
8.7 监测预警	17
9 突发地面塌陷灾害应急监测预警	18
9.1 一般规定	18
9.2 应急监测内容	18
9.3 监测方法及精度要求	19
9.4 监测频率	19
9.5 监测网(点)布设	19
9.6 监测资料整理分析	20
9.7 监测预警	20
10 应急监测设备保障	21
10.1 设备供电	21
10.2 通信	21
11 应急监测报告编制	22
附录 A（资料性附录） 应急监测设备及基本技术指标	23
附录 B（资料性附录） 应急监测观测墩类型结构示意图	25
附录 C（资料性附录） 突发滑坡宏观地质现象巡查内容	26
附录 D（资料性附录） 监测资料整编图表格式	27
附录 E（资料性附录） 突发地质灾害人工巡视记录表	39
附录 F（资料性附录） 突发滑坡灾害综合信息预警系统	40
附录 G（资料性附录） 突发地质灾害应急监测预警响应	41
附录 H（资料性附录） 崩塌形成机理分类及特征	43
附录 I（资料性附录） 泥石流活动监测预警分析方法	44
附录 J（资料性附录） 突发地质灾害应急监测预警报告内容	47
本标准用词说明	49

前　言

本标准按照 GB/T 1.1—2009《标准化工作导则　第 1 部分：标准的结构和编写》给出的规则起草。

本标准附录 A～附录 J 为资料性附录。

本标准由中国地质灾害防治工程行业协会提出并归口。

本标准起草单位：四川省地质工程勘察院、中国地质科学院探矿工艺研究所、中国科学院成都山地灾害与环境研究所、中国地质科学院岩溶地质研究所、湖北省地质局水文地质工程地质大队、成都大学建筑与土木工程学院。

本标准主要起草人：钱江澎、董建辉、陈宁生、季伟峰、雷明堂、唐然、李扬、杨成林、蒋小珍、魏良帅、邓韧、李忠、丁海涛、赵德君、李大鑫、周策、王瑞、王佃明、杨建荣。

本标准由中国地质灾害防治工程行业协会负责解释。

突发地质灾害应急监测预警技术指南(试行)

1 范围

本标准规定了滑坡、崩塌、泥石流和地面塌陷等突发地质灾害应急监测的工作程序、内容、技术方法和预警评价指标、预警级别的确定以及成果编制等要求。

本标准适用于已出现险情或已发布预警信号的突发地质灾害的应急监测预警。

本标准仅为突发性地质灾害应急监测预警工作提出指导性意见,在实施过程中尚应符合国家现行有关标准的规定。

2 规范性引用文件

下列文件中的条款通过本文件的引用而成为本文件的条款。凡是注日期的引用文件,仅所注日期的版本适用于本文件。凡是不注日期的引用文件,其最新版本(包括所有的修改单)适用于本文件。

GB 12897 国家一、二等水准测量规范
GB 12898 国家三、四等水准测量规范
GB/T 15314 精密工程测量规范
GB/T 16818 中、短程光电测距规范
GB/T 17942 国家三角测量规范
GB/T 18314 全球定位系统(GPS)测量规范
GB/T 24356 测绘成果质量检查与验收
GB/T 32864 滑坡防治工程勘查规范
GB/T 50026 工程测量规范
CH/T 2005 三角测量电子记录规定
DZ/T 01554 地面沉降水准测量规范
DZ/T 0219 滑坡防治工程设计与施工技术规范
DZ/T 0220 泥石流灾害防治工程勘查规范
DZ/T 0221 崩塌、滑坡、泥石流监测规范
DZ/T 0227 滑坡、崩塌监测测量规范
DZ/T 0239 泥石流灾害防治工程设计规范
JGJ 8 建筑变形测量规范

3 术语和定义

下列术语和定义适用于本标准。

3.1
突发地质灾害 sudden geological disaster

指突然发生的、可能造成或已造成危害的地质灾害。

3.2
应急监测 emergency monitoring

采用相关技术方法、仪器设备快速获取有关突发地质灾害发展过程动态信息的技术工作。

3.3
预警 early warning

突发地质灾害事件发生之前发出警报。

3.4
应急监测方案 emergency monitoring program

在对突发地质灾害现场调访的基础上，有针对性编制应急监测的实施计划。

3.5
专业监测 professional monitoring

使用专用仪器或设备，获取灾害体变形信息（数据），分析并判别其危害范围、发生机理及发展演化的技术工作。

3.6
群测群防 mass prediction and disaster prevention

群众性预测预防地质灾害工作的统称。主要通过宣传培训，使当地群众增强减灾意识，掌握防治知识，并依靠当地政府组织，在地质灾害易发区开展以当地民众为主体的监测、预报、预防工作。

3.7
人工巡视 manual inspection

定时、定路线、定点观察并记录地质灾害出现的宏观变形情况以及与变形有关的异常现象的工作。

3.8
预警判据 early warning criterion

通过预测预警模型，对地质灾害发生的时间和空间范围内的临界阈值或临界标志做出的判断依据。

3.9
应急监测预警响应 response for early warning of emergency monitoring

各级应急组织根据突发地质灾害应急监测预警反馈的信息，为避免灾害的进一步发生、降低灾害影响，所进行的一系列决策、组织指挥和应急处置行动。

4 总则

4.1 应急监测预警目的

应急监测预警目的是为应急处置决策和最大限度地保护生命财产安全提供技术支撑。

4.2 应急监测预警任务

4.2.1 根据地质灾害风险特征与危害范围，快速确定突发地质灾害监测内容与范围、监测手段与仪器设备,及时开展应急监测。

4.2.2 对各类应急监测信息进行实时收集与整理分析,并根据突发地质灾害发展变化情况及时调整监测方案,获取必要且可靠的相关信息。

4.2.3 确定预警指标与阈值,进行实时预警。

4.2.4 及时提交应急监测预警成果资料。

5 基本规定

5.1 工作阶段及流程

应急监测工作应包含应急监测响应及启动、应急监测实施、应急监测预警、应急监测解除四个工作阶段,工作流程见图1。

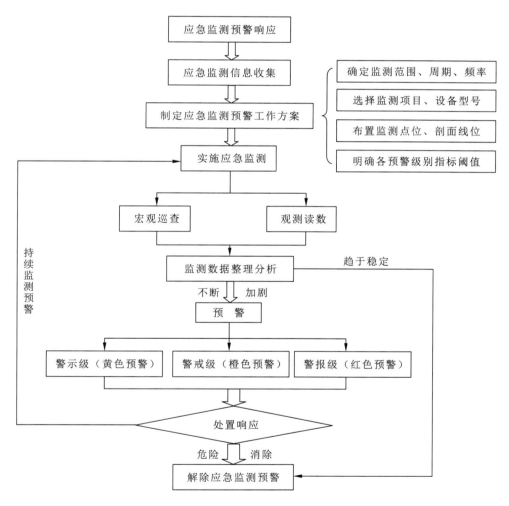

图1 突发地质灾害应急监测预警工作流程图

5.2 响应及启动

5.2.1 以突发地质灾害的变形破坏特征、地下水、降雨、地震、人类工程活动等因素确定应急监测启动条件,见表1。

5.2.2 根据死亡人数、受威胁人数、直接经济损失、潜在经济损失等判别条件设定四个突发地质灾害应急监测响应级别，即Ⅰ级响应、Ⅱ级响应、Ⅲ级响应及Ⅳ级响应，见表2。

表 1 突发地质灾害应急监测启动条件

地质灾害类型	变形破坏特征与环境因素识别
滑坡	1. 新增裂缝(隙)或已有裂缝(隙)明显张开、错动、延伸等。 2. 岩土体局部坍塌、前部鼓胀或挤出、后部沉陷等。 3. 坡体树木倾倒及建(构)筑物的变形破坏新增或加剧。 4. 地表水突然漏失或地下水冒出。 5. 有影响斜坡稳定的爆破、开挖、堆载、排水等工程活动
崩塌	1. 岩体新增裂缝(隙)或已有裂缝(隙)明显张开、错动、延伸等。 2. 密集出现小坠石等。 3. 有影响岩体稳定的爆破、开挖等工程活动。 4. 气象部门发布的降雨预警
泥石流	1. 前期已有长期降雨，气象部门发布的降雨预警。 2. 降雨期沟内滑坡、崩塌体变形明显。 3. 洪水侵蚀岸坡明显，沟水逐渐浑浊，夹砂量不断加大，水流时断时续等
地面塌陷	1. 新增地面裂缝或已有地面裂缝明显张开、错动、延伸等。 2. 新增地面变形或已有地面变形范围、塌陷坑等明显扩大等。 3. 出现地下水快速变化的趋势。 4. 气象部门发布的暴雨红色预警。 5. 矿坑冒顶事故、突水事故等。 6. 有影响岩溶区或采空区地面稳定的爆破、开挖、堆载、抽水等工程活动

注：突发地质灾害出现启动条件所列情况之一即由当地主管部门启动应急监测。

表 2 突发地质灾害应急监测响应级别

响应级别	判别条件		险情报告后的响应措施			
	受威胁人数 人	潜在经济损失 万元	紧急会商级别	监测项目 项	监测点 个	监测技术人员 人
Ⅰ级	>1 000	>10 000	部省联合	≥5	≥6	≥5
Ⅱ级	500～1 000	5 000～10 000	省级	≥5	≥5	≥4
Ⅲ级	100～500	500～5 000	市级	≥4	≥4	≥3
Ⅳ级	<100	<500	县级	≥2	≥3	≥2

注1：监测单位与防灾责任主体保持密切联系，及时汇报监测成果并进行信息反馈，以便指导下一步工作。
注2：突发地质灾害出现判别条件所列情况之一即为相对应的响应等级，并由低到高逐级推定，以最先满足的为准。
注3：对地貌极为复杂、气候条件极其恶劣、交通运输条件极为不便等地区的特殊情况，突发地质灾害应急监测响应的标准可酌情调整。

5.2.3 应急监测预警任务下达后，按响应级别时间要求，完成应急监测预警工作组织与调遣，及时完成应急监测方案设计。

5.3 应急监测实施

5.3.1 根据应急调查结果，制定应急监测预警实施方案，确定应急监测预警范围、监测内容、监测点的布置及数量、监测手段与仪器设备、监测周期和频率、预警系统以及工作组织、质量安全保障等。

5.3.2 监测工作布置应突出快速、安全、有效的特点,监测手段与仪器设备应在保证监测效果的前提下做到快速实施、便捷维护、稳定运行,监测点数量宜根据现场情况进行优化。

5.3.3 监测记录、监测统计报表、阶段性报告和监测总结报告提供的数据、图表应客观、真实、准确。

5.3.4 监测数据和信息应及时系统整理和综合分析。每次观测后应立即对原始数据进行检查校核、比对和整理,并及时做出初步分析。发现监测资料有异常现象或确认有异常值,应立即查证并向防灾责任主体单位及有关部门报告。

5.3.5 应急监测设备应按相关规定进行标定、维护,并采取有效的防护措施,确保监测信息及时、稳定地采集与传送。

5.4 应急监测预警

5.4.1 预警级别的确定根据不同地质灾害类型的发展变化阶段特征差异而有所不同,见表3。

表3 突发地质灾害应急监测预警级别

	警示级(黄色预警)	警戒级(橙色预警)	警报级(红色预警)
突发滑坡	√	√	√
突发崩塌	√		√
突发泥石流	√	√	√
突发地面塌陷	√		√

5.4.2 根据地质灾害类型及形成机理,结合应急监测获取信息种类,在充分参考地区经验的基础上,选择适宜的预警评判模型和指标,确定不同预警级别的阈值。

5.4.3 监测信息达到预警阈值或达到预警阈值的趋势显著时,应及时启动相应级别的监测预警工作。

5.4.4 应急监测及预警信息应及时上报防灾责任主体单位并送达有关部门和人员。

5.4.5 预警级别的降低,应及时组织专家组技术会商,若会商认定预警级别可降低,则降低预警级别。

5.5 应急监测解除

5.5.1 当出现下列情况之一时,应及时组织专家组技术会商,若会商认定警报可解除,应急监测预警工作可终止。

  a) 当危害对象转移完毕。
  b) 触发地质灾害的主要影响因素消除。
  c) 灾害体变形明显减缓并趋于停止。

5.5.2 应急监测预警工作结束后,应及时整理应急监测预警资料,编制成果报告,并提出下一步监测工作建议。

6 突发滑坡灾害应急监测预警

6.1 一般规定

6.1.1 宜采用专业监测与群测群防相结合的监测办法。

6.1.2 监测主要针对可能威胁保护对象的突发滑坡灾害体及其影响区。

6.1.3 以变形监测为主,兼顾降雨和地下水监测。

6.1.4 监测点位与监测内容的确定应主要满足突发滑坡灾害预警的需要。

6.2 监测内容

突发滑坡灾害应急监测主要包括变形监测、相关诱发因素监测、滑坡变形破坏宏观前兆监测三方面的内容,参见附录A。

6.2.1 变形监测可分为地表和地下的绝对位移监测和相对位移监测,地表位移是监测的主要内容。

  a) 绝对位移监测需要监测突发滑坡灾害体的三维(X、Y、Z)位移量、位移方向与位移速率。

  b) 相对位移监测是针对突发滑坡灾害重点变形部位的相对位移量,包括张开、闭合、错动、抬升、下沉等。

6.2.2 相关因素监测项目一般包括土体含水量、地表水的水位、流量、含砂量和地下水的水位、水压、水量、水质等指标的动态变化,以及降水(雪)量、融雪量、气温等气象条件和影响突发滑坡灾害稳定的人类工程活动形式和强度。

6.2.3 突发滑坡灾害变形破坏宏观前兆监测一般包含下列内容:

  a) 对出现的地表裂缝和岩土体局部坍塌、鼓胀、剪出,以及建筑物、道路等的破坏,地表水突然漏失或涌出,树木和电杆的歪斜与倒伏现象进行实时观察。测量其产生部位、变化量和变化速度。

  b) 对因岩石被剪断或滑带附近碎块石与其下伏滑床之间的剧烈摩擦可能发出的宏观地声进行监听。

  c) 观察突发滑坡灾害体上动物(鸡、狗、牛、羊、鼠、蛇等)可能出现的异常活动现象。

6.2.4 应根据突发地质灾害应急监测响应级别确定突发滑坡灾害应急监测的项目,见表4。

表4 突发滑坡应急监测项目表

监测项目		监测响应级别				备注
		Ⅰ级	Ⅱ级	Ⅲ级	Ⅳ级	
变形监测	水平监测	应测	应测	应测	应测	有地面三维变形的突发滑坡灾害
	垂直监测	应测	应测	应测	应测	
	相对监测	应测	宜测	可测	可测	
	裂缝监测	应测	宜测	宜测	可测	
相关因素监测	降雨量	应测	应测	应测	应测	对降雨敏感的突发滑坡灾害
	地表水	应测	宜测	宜测	可测	对地下水敏感的突发滑坡灾害
	地下水	应测	宜测	可测	可测	对地下水敏感的突发滑坡灾害
	地震	可测	可测	可测	可测	高烈度地震区的突发滑坡灾害
宏观前兆监测	视频监控系统	宜测	宜测	可测	可测	表观可明视变化的突发滑坡灾害
	人工巡视	应测	应测	应测	应测	人眼可直观变化的突发滑坡灾害

6.3 监测方法及精度要求

6.3.1 变形监测方法

6.3.1.1 主要有大地测量、裂缝位移测量、表面倾斜测量、无人机和三维激光扫描等方法。

6.3.1.2 大地测量应采用全球定位系统、全站仪等精密仪器进行监测。
   a) 控制测量变形宜用全球定位系统,控制网应采用国家坐标系和85国家高程建立,控制测量精度不低于D级。基准控制点应设置在突发滑坡灾害体外围稳定且坚固处,数量不应少于3个,结构图详见附录B。
   b) 重点区域地形及监测剖面的测量比例尺不宜小于1:500。
   c) 监测点水平位移测量精度不宜大于5 mm,垂直位移测量精度不宜大于10 mm。

6.3.1.3 裂缝位移监测一般采用位移计监测,也可采用卡尺、钢尺等量测。
   a) 位移计监测应在裂缝两侧设立监测基桩,安装位移计,量测裂缝三维变形。量测精度不宜低于0.5 mm。
   b) 用卡尺、钢尺等机械式测量时,应在裂缝两侧设固定标记或埋桩,定期量测其变形。量测精度不宜低于1 mm。

6.3.1.4 可采用表面倾斜仪监测滑坡体表面倾斜情况。

6.3.1.5 在天气较好,人力到达场地较困难时,宜采用无人机低空遥感、实时视频方法进行定性或定量监测。航线布设方式:应按固定航线布设。航向重叠率应大于80%,旁向重叠率应大于60%。滑坡环境用同一架次定高拍摄,滑坡体按倾斜摄影方式拍摄。

6.3.2 相关因素监测

6.3.2.1 雨量监测应采用雨量计自测,或实时收集附近水文站、气象站的观测数据,量测精度不宜低于0.2 mm。

6.3.2.2 可使用水位计、流速仪、流量计等设备,监测影响滑坡稳定的江、河、水库、沟、渠等地表水体的水位、流速、流量等动态变化,以及农田灌溉用水的水量和时间、高山融雪量等。

6.3.2.3 宜采用水位计、孔隙水压力计、渗压计、土壤含水量测定仪等设备,监测滑坡内及周边泉、井、钻孔、平洞、竖井等地下水水位、水量、水温、孔隙水压力、含水量(率)等动态变化。孔隙水压力计量程应满足被测压力范围的要求,精度不宜低于满量程的0.5%。地下水水位测量精度不宜低于10 mm。

6.3.2.4 对与滑坡形成、活动相关的人类工程活动,如采空、切坡、加载、爆破、震动等,应采用巡查的方式,及时掌握其活动范围、时间及强度。

6.3.2.5 宜收集滑坡附近及其外围地震活动及其强度等监测资料,结合监测信息分析地震作用对滑坡稳定性的影响程度。

6.3.3 人工巡视

异常宏观现象巡查的主要内容参见附录C。

6.4 监测频率

6.4.1 人工数据采集监测频率

   a) 匀速变形阶段,监测频率不低于4次/日。
   b) 加速变形阶段,监测频率不低于8次/日。
   c) 破坏变形阶段即临滑阶段,应连续监测。

6.4.2 自动化数据采样频率

对于需要设置监测频率的自动化采集仪器,应根据滑坡不同阶段设置不同的采集监测频率,遇异常情况,视实际需要,加密采集数据频率,并设置即时数据采集模块。

a) 匀速变形阶段,采样频率不低于8次/日。
b) 加速变形阶段,采样频率不低于6次/小时。
c) 破坏变形阶段即临滑阶段,应进行无间断实时发送数据。

6.4.3 人工巡视

加速变形阶段监测频率可按4次/日实施,破坏变形阶段在保证巡视技术人员安全的情况下全天候进行巡视检查。

6.4.4 无人机监测频率

根据现场突发滑坡变形的情况,可采用多机多架次连续实时视频监测。

6.5 监测网(点)布设

6.5.1 布设原则

6.5.1.1 以突发滑坡灾害重点防治部位的稳定性监测为主,兼顾整体稳定性监测,控制网基准点不少于3个。

6.5.1.2 在威胁保护对象的滑坡体、局部强变形区以及整体滑坡的滑动主轴线等重要部位应布设监测剖面,必要时可组网监测。

6.5.1.3 应急监测布设应满足滑坡后续监测需要。

6.5.1.4 监测点位宜避开突发滑坡灾害抢险施工干扰。

6.5.1.5 监测剖面应按滑动方向布置,主剖面上的监测点不应少于3个,范围较大且机理较复杂的突发滑坡宜布置监测网。

6.5.1.6 前期已开展监测的滑坡,应根据突发变形特征完善监测手段,加密监测频率,调整监测范围。

6.5.2 监测点布设

6.5.2.1 在威胁保护对象的滑坡体、局部强变形区以及整体滑坡的滑动主轴线等重要部位同一监测点宜监测多种内容,便于监测数据综合分析。

6.5.2.2 监测点应布设在监测剖面上。受通视条件或其他原因限制,可单独布点。

6.5.2.3 监测点不宜平均分布,重点部位应增加监测点数量。突发牵引式滑坡,监测重点应放在前部强变形区;突发推移式滑坡,监测重点应放在后部强变形区。

6.5.2.4 裂缝位移监测点应布设在重要裂缝关键部位,如裂缝中点、两端、转折部位等,每条裂缝的监测点不宜少于2个。当裂缝变形增大或出现新裂缝时,应视具体情况增设监测点。

6.5.2.5 降水量监测点宜布设于突发滑坡灾害体范围内,特大滑坡宜在不同高程段布设。

6.5.2.6 地表水和地下水监测点视其对滑坡体稳定性影响程度确定布设位置、数量及类型。

6.5.3 监测剖面

6.5.3.1 监测剖面应布设在对保护对象有威胁的突发滑坡灾害体主轴线以及其他能反映变形特征的关键位置。

6.5.3.2 监测剖面应纵横布设,数量不应少于2条。

6.5.3.3 监测剖面应以变形监测为主体,必要时可建立多手段、多参数、多层次的综合性监测剖面,达到互相验证、校核、补充、分析的目的。

6.5.3.4 监测剖面布设时,应充分考虑监测方法的适宜性。

6.5.4 监测网

6.5.4.1 对于窄长的突发滑坡灾害体应沿其主轴方向布设一条监测剖面,垂直于主轴方向布设一条或几条监测剖面,呈"十"字形或"丰"字形展布。

6.5.4.2 对于地形条件复杂、范围较大及多级滑动的突发滑坡灾害体,应沿各个滑块滑动主轴方向和垂直于主轴方向布设多条监测剖面,纵横交叉成网。

6.5.4.3 除在地表布设监测点(剖面)外,还宜利用钻孔、平硐、竖井等布设地下监测点,形成立体监测网。

6.6 监测资料整理分析

6.6.1 监测资料整编内容

6.6.1.1 地表位移监测

a) 地表位移监测数据统计报表,详见附录D表D.1。
b) 水平位移-时间过程曲线图,详见附录D图D.2。
c) 垂直位移-时间过程曲线图,详见附录D图D.3。
d) 合位移速率-时间过程曲线图,详见附录D图D.4。
e) 位移加速度-时间过程曲线图,详见附录D图D.5。
f) 位移倾角-时间过程曲线图,详见附录D图D.6。
g) 位移方向-时间过程曲线图,详见附录D图D.7。
h) 地表位移矢量平面图,详见附录D图D.8。

6.6.1.2 裂缝监测

a) 地表裂缝统计表,详见附录D表D.2。
b) 裂缝监测记录报表,详见附录D表D.3。
c) 地表裂缝平面分布图,详见附录D图D.9。
d) 裂缝张开度-时间过程曲线图,详见附录D图D.10。

6.6.1.3 气象、水文监测

a) 气象、水文监测记录报表,详见附录D表D.4、表D.5。
b) 降雨量-时间过程曲线图,详见附录D图D.11、图D.12。
c) 地下水位高程-降雨量关系图,详见附录D图D.13。
d) 降雨量-泉流量关系图,详见附录D图D.14。

6.6.1.4 人工巡视

a) 突发地质灾害人工巡视检查记录表,详见附录E。

b) 对巡视检查发现的异常问题应分析其原因并做出完整编录,必要时可附素描图和照片。

6.6.2 监测资料分析

6.6.2.1 分析方法

a) 比较法
1) 比较多次巡视检查资料,分析宏观变形迹象的特征、产生部位、变化规律、发展趋势。
2) 监测物理量的相互对比,即将相同部位(或相同条件)的监测量作相互对比,以查明其变化量大小、变化规律和趋势之间是否具有一致性和合理性。
3) 监测成果与理论或模型试验成果相比较,比较其规律是否具有一致性和合理性;监测值与警戒值相比较。

b) 作图法
1) 通过绘制各监测物理量的变化过程曲线图、绘制特征影响因素量(如降雨量)与各监测物理量相关的过程曲线图,考察物理量随时间的变化规律和趋势。
2) 通过绘制各效应量的平面或剖面分布图,考察效应量随空间的分布情况和特点(必要时加绘相关物理量,如地下水位、库水位等)。
3) 通过绘制各效应量与原因量的相关图,考察效应量的主要影响因素及其相关程度和变化规律。

c) 特征值统计法

对各监测物理量的最大值和最小值,变化趋势和变幅,以及出现最大值和最小值的工况、部位和方向等进行统计分析,考察各监测物理量之间在数量变化方面是否具有一致性、合理性。

6.6.2.2 分析内容

a) 变形范围

地表位移监测手段可控制范围应较大,监测点的布置范围应比应急调查确定突发滑坡灾害变形范围略大,通过一段时间的监测来确定周边岩(土)体是否受到影响。

b) 变形分区

通过对突发滑坡灾害地表变形的统计分析,结合突发滑坡灾害空间位移矢量大小,对突发滑坡灾害进行变形分区。综合突发滑坡灾害工程地质条件、失稳模式,分析各分区之间差异的原因,根据宏观变形迹象的变化与发展趋势,复核分区的可靠性与合理性,必要时应予以调整。分析不同突发滑坡灾害分区的变形方向、变形时间顺序、变形速率差,并结合宏观变形特征来判断各区之间的力学联系。

c) 变形机理分析
1) 根据突发滑坡灾害相同时段内不同区域空间位移矢量大小、方向的差异初步判断滑坡的变形机理。
2) 将变形监测资料结合降雨、开挖、堆载、地下水位、库(河)水位变化、渠(塘)渗漏、冰雪冻融等影响因素监测资料比较分析,提取其中对突发滑坡灾害变形影响最大的因素,给突发滑坡灾害防治提供依据。

d) 变形发展阶段判断

突发滑坡灾害变形演化阶段的判据分为定量判据、定性判据,参考附录F。

准确判断突发滑坡灾害的变形演化阶段的前提是要将斜坡的时间演化规律和空间演化规律结合起来综合判定,即要掌握突发滑坡灾害不同变形演化阶段的裂缝结构,将突发滑坡灾害的宏观变形迹象与监测资料对照分析。

6.7 监测预警

6.7.1 应急监测预警工作应结合突发滑坡灾害地质特征、影响因素及变形趋势,在综合分析的基础上进行。

6.7.2 应合理选择预测参数。一般情况下,多维位移监测数据是突发滑坡灾害预测的最基本参数;地下水动态、降水量等监测数据,均是突发滑坡灾害预测的表征参数。

6.7.3 预测应充分重视宏观前兆现象。

6.7.4 预测预警模型的建立和预警判据的确定,应遵循如下原则和方法:
  a) 在建立地质模型的基础上,结合监测内容、监测方法等,建立适宜、有效的预测预警模型。
  b) 宜建立类比分析、因果分析、统计分析等数学模型,进行多参数、多模型的综合评判,提高预测预警的准确性。
  c) 预测预警模型建立后,应利用已经发生过的相似滑坡的监测资料,进行反演分析,检验模型的有效性,并初步确定相应的预测预警判据。

6.7.5 突发滑坡灾害应急监测预警按变形破坏发展阶段、变形速度、发生概率和可能发生的时间分为三级:警示级(黄色预警)、警戒级(橙色预警)、警报级(红色预警)。具体应急监测预警响应详见附录D图D.1。
  a) 警示级(黄色预警):匀速变形阶段,发生缓慢、匀速、持续的微量变形,并伴有局部拉张成剪切破坏,地表可见后缘出现拉裂缝并加宽加深,两侧翼出现断续剪切裂缝,在数月或一年内发生破坏的概率较大。
  b) 警戒级(橙色预警):初加速变形阶段,变形速率不断加大,后缘拉裂面不断加深和展宽,前缘隆起,有时伴有鼓胀裂缝,变形量也急剧加大,在几日内或数周内发生破坏的概率大。
  c) 警报级(红色预警):临界变形阶段,滑动面完全贯通,阻滑力显著降低,滑动面以上的岩(土)体即沿滑动面滑出,在数小时或数日内发生破坏的概率很大。

6.7.6 应急监测预警级别发布应在会商的基础上,按照相关工作程序进行。

6.7.7 在突发险情即将发生来不及上报、会商的情况下,现场监测人员应立即启动红色预警,并立即通知防灾责任主体单位及有关部门,然后按程序进行上报。

6.7.8 经过专家组技术会商确认后,下列情况可解除预警和停止应急监测:
  a) 自然条件下或经应急抢险处置,突发滑坡灾害体变形速率逐渐减小,突发滑坡灾害体趋于稳定,可解除预警,转为常规监测。
  b) 突发滑坡灾害主体已下滑,经进一步监测判断后突发滑坡灾害堆积体、残体、滑坡周边影响区不会再有危害性,可解除预警。
  c) 突发滑坡灾害危险区和影响区内威胁对象已撤离,可停止应急监测。

7 突发崩塌灾害应急监测预警

7.1 一般规定

7.1.1 应针对不同突发崩塌类型的破坏机理而进行相应监测工作布置,崩塌类型参见附录H。

7.1.2 对已出现险情的突发崩塌灾害应采用激光测距仪、三维激光扫描仪等高精度仪器进行非接触监测,以确保监测人员的安全。

7.1.3 监测主要针对可能威胁保护对象的崩塌体或危岩块体,以及崩塌发生后堆落在坡脚的崩塌堆积体。

7.1.4 对崩塌体进行接触式或者激光非接触式三维变形实时监测预警,阈值不可设置过大。

7.2 监测内容

7.2.1 监测对象应以突发崩塌灾害体为主,必要时可对崩塌堆积体开展监测。

7.2.2 监测内容包括突发崩塌灾害体(堆积体)形变、相关影响因素、宏观前兆。具体指标参见6.2。

7.2.3 根据突发崩塌灾害自身特征,应该特别注意卸荷裂隙中水位和水压力变化,以及地下水的补给及排导条件。

7.3 监测方法及精度要求

7.3.1 简易监测方法

由于监测对象的特殊性、时效性,除采用常规监测手段外,应在保证监测人员安全及不影响监测对象稳定性的前提下,采取简易的监测手段迅速开展监测工作。

7.3.1.1 在崩塌体上的裂缝两侧或崩塌体边界插筋(木筋、钢筋等)、埋桩(混凝土桩、石桩等)或标记,用钢卷尺量测其变形情况。

7.3.1.2 在崩塌表面或地形适合部位吊设垂锤,监测其角度及距离标志物变形情况。

7.3.1.3 对危岩块体进行编号,并用油漆标记,人工观察其位移情况。对于已掉落的危岩块体,查找编号,并详细记录掉落位置。

7.3.1.4 简易监测方法可结合电路接触器实现自动报警,即按预测的预警临界值、预警警戒值,沿滑面、裂缝安装电路接触点,当位移超过该点时,电路接通,立即发出预警和警报。

7.3.2 专业监测方法

7.3.2.1 崩塌体变形

a) 在崩塌体表面设置监测点,采用经纬仪或全站仪等观测其相对的或绝对的变形情况。

b) 可将近景摄影仪安装在稳定区两个不同位置的测站上,同时对崩塌体的图像进行周期性拍摄,构成立体图像。用立体坐标仪量测图像上各监测点的三维(X、Y、Z)位移量。

c) 有条件时,可利用激光测距仪,开展三维激光扫描,快速复建出被测目标的三维模型及线、面、体等各种几何数据,通过多次扫描比对分析,获取变形量值。扫描距离应保证在仪器正常工作条件范围内。分辨率不低于1 mm。

7.3.2.2 相关因素监测

a) 利用地声仪采集岩体变形微破裂或破坏时释放出的应力波强度、频度等信号资料,分析、判断崩塌体变形情况。仪器一般应设置在崩塌体应力集中部位,地表、地下均可,灵敏度较高,可连续监测和分析预警。

b) 利用常规气象监测仪器如温度计、雨量计等,进行以气温、降水量为主的气象监测。

c) 利用水位标尺、水位和流量自动记录仪、测流堰、量杆等,监测崩塌体内及其周围天然沟河和截排水沟地表水位、流量动态变化情况。

d) 利用孔隙水压计、渗压计等,分析静水压力、动水压力、裂隙水补给排导以及冻胀力等,采集有关水文地质参数。

7.3.2.3 宏观前兆监测

崩塌体变形破坏宏观前兆监测内容包括地形、地下水、地表水及大气降水等变化情况，以及动物异常等，应安排专人进行实地监测。

7.3.3 监测方法选用

7.3.3.1 监测项目的选用参见表4。

7.3.3.2 对于倾倒式及滑移式崩塌尤其要注意孔隙水、裂隙水变化情况，包括水位、水压力、流量等。坠落式崩塌则应尤其关注其特征点的三维坐标位置变化。

7.3.4 监测精度

突发崩塌灾害监测精度要求与突发滑坡灾害相似，参见6.3。

7.4 监测频率

7.4.1 应根据突发崩塌灾害体危险等级确定突发崩塌灾害应急监测频率。如有相关任务书的应严格按照任务书要求执行。

7.4.2 对于尚未出现险情的突发崩塌灾害体，应采用多种监测方法，自动化监测仪器应具备随时测报的功能，仪器采样频率不低于4次/日，人工巡视不少于1次/日。

7.4.3 对于已出现险情的突发崩塌灾害体，宜采用非接触式自动化监测设备，采样频率不低于1次/小时，人工巡视不少于4次/日。

7.5 监测网(点)布设

7.5.1 监测点布设应注重时效性，应选择一些可快速、稳定获取监测数据的方法，有重点、分批次地布设监测点。

7.5.2 监测点应根据其崩塌类型、破坏机理，布设在崩塌体变形破坏的重点部位。

7.5.3 监测点可构成多种监测方法综合使用的立体监测网，崩塌体内部倾斜监测、地表变形全球定位系统监测、地声及地下水等监测宜同步进行，进行地表变形相关分析，为预警判断提供全面的监测数据。

7.5.4 每个监测点应有其独立的监测功能和预警功能，布设时应事先进行该点的功能分析及多点组合分析，力求达到最好的监测效果。

7.5.5 监测点不宜平均分布，对地表变形明显地段和对整个崩塌体稳定性起关键作用的块体，应重点控制。

7.6 监测资料整理分析

7.6.1 监测资料整理

7.6.1.1 地面变形监测资料的整理主要包括地表位移监测数据统计报表、位移-时间过程曲线图、位移速率-时间过程曲线图、位移倾角-时间过程曲线图、裂缝监测记录报表、裂缝张开度-时间过程曲线图等，图表格式参见附录D。

7.6.1.2 气象、水文监测资料的整理主要包括气象、水文监测记录报表，降雨量-时间过程曲线图，地下水位-降雨量关系图等，图表格式参见附录D。

7.6.1.3 巡视观测内容应及时填报突发地质灾害巡视检查记录表，格式参见附录E。

7.6.2 监测资料分析与预测

一般情况下,各类监测信息发生明显变化时,均应发出预警。此外,下列情况可作分析预测:
a) 对稳定性主要受裂隙充水程度控制的崩塌体,降雨期间应实时分析水位上升速率,预测到达预警水位的时间。
b) 对倾倒型崩塌体应着重分析预测崩塌岩(土)体的外倾程度与速度,预测其重心偏移至坡面外的时间。
c) 对滑移型崩塌体应着重分析监测点的位移速率变化,及时捕捉加速迹象。

7.7 监测预警

7.7.1 分级分主次确定崩塌变形破坏的预警对象。对以下对象应重点预警:
a) 变形速率大的地段或块体。
b) 可产生严重危害的地段或块体。
c) 对崩塌的稳定性起关键作用的地段或块体。
d) 对整个崩塌的变形破坏具有代表性的地段或块体。

7.7.2 崩塌预警分为两个等级,即警示级(黄色预警)与警报级(红色预警)。
a) 警示级(黄色预警):当降雨量达到暴雨及暴雨级别以上或连续降雨时长达到48小时及以上时,上部岩体拉张裂隙突然产生变形,即进入警示级,可对崩塌体采用7.3节方法进行重点监测。
b) 警报级(红色预警):如监测到崩塌体发生连续大形变等,上部岩体拉张裂隙不断扩展、加宽,速度突增,小型坠落不断发生时,应向有关部门发出警报,该崩塌体有可能随时出现险情。

7.7.3 崩塌危险区内人员已撤离或崩塌已完成、危岩(土)体已稳定后应解除预警,经过专家组技术会商确认后,应急监测工作也可随之结束。

8 突发泥石流灾害应急监测预警

8.1 一般规定

8.1.1 监测预警工作启动应以降雨预警或实时雨量测报为主要依据。

8.1.2 应以仪器监测为主、人工观测为辅,建立群专结合的应急监测预警体系。

8.1.3 监测仪器布设位置除考虑监测要素外,还应充分考虑满足测报和预警响应的时间要求。

8.1.4 监测设备应小型化、便携化、易于快速布设和安装,在短时间内即可投入使用;在无外接供电的情况下应保证3日以上正常工作时间。

8.2 应急监测内容

应包括降雨量、泥(水)位等关键特征和主要崩滑物源变形活动、主河道或沟道堵塞、岸坡坍塌等情况。在实际监测中,可依据需要对泥石流源区土体孔隙水压力、含水率,沟道振动波、次声波等特征参数进行监测。具体内容如下:
a) 物源监测:泥石流形成区物源稳定性变化及参与泥石流活动情况。
b) 降雨量监测:泥石流激发降雨量(10分钟及1小时的降雨量)。

c) 泥（水）位监测：泥石流在沟道流动过程中的泥（水）位变化。
d) 振动监测：泥石流流体携带的大颗粒物质在运动过程中产生的振动波。
e) 次声监测：泥石流在形成和运动过程中产生的次声波。
f) 视频监测：对沟道中泥石流的运动过程进行影像监测。
g) 含水率监测：泥石流源区砾石土土体在前期降雨过程以及失稳过程中的含水率变化。
h) 土体孔隙水压力监测：泥石流源区砾石土土体在失稳过程中的孔隙水压力变化。

8.3 监测方法及精度要求

8.3.1 监测方法，详见表5。

表5 突发泥石流灾害应急监测方法

泥石流类型	监测方法
坡面型及流域面积小于 1 km² 的小流域型泥石流	降雨量监测法、流量监测法、土体孔隙水压力监测法、土体含水量监测法、视频监测法
沟道型泥石流	降雨量监测法、流量监测法、泥（水）位监测法、土体孔隙水压力监测法、土体含水量监测法、次声监测法、振动监测法、视频监测法

8.3.2 监测设备及技术指标要求，详见附录A表A.2。

8.4 监测频率

8.4.1 雨量计自动监测：采用有雨即存即报，定时上报，超过阈值加报的方式。

8.4.2 泥位计监测：采样频率不低于1次/分钟。

8.4.3 土体孔隙水压力和含水率监测：采样频率不低于1次/分钟。

8.4.4 振动监测：采样频率不低于1次/分钟。

8.4.5 次声监测：采样频率不低于1次/分钟。

8.4.6 视频监测：视频帧率7帧/秒以上，保证视频流畅。

8.5 监测网（点）布设

8.5.1 雨量监测站

a) 宜布设在泥石流形成区及其暴雨带内，特别是形成区内滑坡、崩塌和松散物质储量最大的范围。在不具备条件的情况下，宜考虑流通区和危险区，布设密度见表6。

表6 突发泥石流雨量站布设密度

序号	流域面积/km²	站点个数
1	<1	1
2	1～10	2
3	10～20	2～3
4	>20	按每 10 km² 布设1个雨量站计算

b) 在中高山区的泥石流流域内，应考虑在泥石流的形成区和流通区布设为主。

c) 应遵循降水量观测规范进行布设及建设。

8.5.2 泥位监测站

a) 监测站点的间距以流域面积大小、流域水系的分布形态、泥石流流速及下游预警的时间而定,一般布设1~3个为宜,最好布设在危险区上游1.5 km以上的(保证下游危险区有5分钟以上撤离时间)流通区段。
b) 宜选择流域水道顺直、通透性较好、沟床稳定的沟段,便于河流断面的测量和泥位的监测。
c) 安装地点选择安全(历史最高泥石流、洪水位或20年一遇洪水位以上)的巨砾、基岩、堤坝、拦砂坝、桥梁等为宜,同时需考虑太阳能供电和监测数据传输通信条件保障。

8.5.3 土体孔隙水压力和含水率监测站

a) 可布设在泥石流形成区内强降雨下较易启动的物源区坡体上20 cm土体内。应选择粗大颗粒较少、细颗粒较多的物源区斜坡体。
b) 防止崩塌、飞石等对设备造成破坏。

8.5.4 振动监测站

宜布设在流域中下游泥石流危险区较为安全、便于安装维护和预警的区域。

8.5.5 次声监测站

宜布设在流域中下游泥石流危险区较为安全、便于安装维护和预警的区域。为避免或减少次声信号反射或折射的影响,布设点位与流通形成区间无遮挡。

8.5.6 视频监测站

视频监视区主要为沟域内主要崩滑体及可能堵溃沟段以及泥石流流通沟段。监测站应位于安全(历史最高泥石流、洪水位或20年一遇洪水位以上)的巨砾、基岩、堤坝、拦砂坝、桥梁等为宜。

8.6 监测资料整理分析

8.6.1 监测资料整编内容

8.6.1.1 雨量监测

a) 雨量监测数据统计周报表,格式见附录D表D.5。
b) 降雨量-时间过程曲线图,图示见附录D图D.11、图D.12。

8.6.1.2 泥位监测

泥位-时间过程曲线图,图示见附录D图D.15。

8.6.1.3 土体孔隙水压力和含水率监测

a) 土体孔隙水压力-时间过程曲线图,图示见附录D图D.16。
b) 土体含水率-时间过程曲线图,图示见附录D图D.17。

8.6.1.4 振动监测

重力加速度-时间过程曲线图,图示见附录D图D.18。

8.6.2 监测资料分析内容

a) 降雨量

1) 前期雨量分析。间接前期降雨(发生本次泥石流降雨开始时刻前 n 日泥石流沟内的降雨量)和直接前期降雨(当场降雨中激发泥石流的短历时雨强前的降雨)在影响泥石流形成的降雨指标中贡献最大,在泥石流预测预警中应重视间接前期降雨和直接前期降雨指标,避免只强调短历时激发雨量(激发泥石流启动的短历时强降雨)指标的不足。
2) 区域环境对降雨量影响的分析。监测流域的物源、气候等条件对泥石流的形成有很大影响,在分析临界雨量的时候需要充分考虑区域背景条件的影响。

b) 泥位

在进行泥位数据分析时需要考虑监测断面底床变化对泥位、断面面积的影响,无论是底床冲刷或者淤积都会影响泥石流泥位监测数据和流量计算。

c) 土体孔隙水压力和含水率

土体孔隙水压力和含水率数据分析也要考虑前期降雨和区域环境的影响。一般干旱少雨区监测数据较湿润区数据上升较多。

d) 振动

振动数据监测需要考虑车辆和施工机械行驶等其他振动对传感器监测数据的干扰,可构建环境背景噪声特征库,判定是否有泥石流发生。

e) 次声

1) 次声监测需要考虑灾害定位问题,可根据三点定位原理在泥石流流域典型位置部署传感器阵列,进行泥石流次声监测。
2) 可构建环境背景噪声特征库,运用多通道信号互相关分析法,结合泥石流次声的主要特征,判定是否有泥石流发生。

8.7 监测预警

8.7.1 应急监测预警系统的硬件部分应具有体积小巧、方便携带、低功耗、易于安装等特点,能根据不同预警级别实现短信、声光等方式报警。

8.7.2 应急监测预警系统的软件部分应具有人性化的图表显示、操作简单等特点,能够接收各个监测站点采集的数据,并对数据进行分析处理,入库后能根据预警等级、指标和阈值来实现报警。

8.7.3 预警等级

根据泥石流形成运动各个阶段的特点,泥石流应急监测预警系统采用警示级(黄色预警)、警戒级(橙色预警)和警报级(红色预警)模式。坡面泥石流及流域面积特别小(一般 $1 km^2$ 以下)的采用警报级预警。

a) 警示级(黄色预警):由前期降雨、气象预警等指标确定。已出现充沛的前期降雨,同时气象部门发布大雨以上的降雨预警时即发布。
b) 警戒级(橙色预警):无充沛的前期降雨,但是降雨已达到泥石流爆发的临界雨量阈值时发布,由泥石流临界雨量和泥位指标确定。
c) 警报级(红色预警):已出现充沛的前期降雨,同时降雨已达到泥石流爆发的临界雨量阈值时发布。由临界雨量、泥位和振动等指标,同时参考沟道断流等宏观现象指标确定。

8.7.4 预警阈值

泥石流活动的预警主要依据各种监测参数的临灾阈值来确定,各监测站点的预警阈值均需要采用一定的计算方法并结合沟道实际情况综合确定,详见附录I。

8.7.4.1 雨量阈值需要根据对历史灾害的调查统计、模型计算和野外实验来确定。其中临界雨量阈值主要依靠坡面泥石流启动实验确定,激发雨量阈值主要依靠模型计算(启动沟床固体物质的流量推算的雨量)确定,警报雨量阈值主要依靠历史灾害调查统计数据分析确定。

8.7.4.2 泥位阈值需要对历史灾害的调查和计算来确定。

8.7.4.3 土体孔隙水压力和含水率、振动及次声等阈值需要根据相关野外试验来综合确定。

8.7.5 应急监测预警解除

对应急监测各项指标及其威胁对象变动情况进行分析,出现下列情况,可经过专家组技术会商确认后,解除预警。应急监测预警解除后,可根据现场实际情况,转为常规自动或人工监测。

a) 威胁对象已不存在。
b) 依据泥石流形成的物源、水源等条件确定近期泥石流不再发生。

9 突发地面塌陷灾害应急监测预警

9.1 一般规定

9.1.1 突发地面塌陷根据发育的地质条件和作用因素的不同,分为突发岩溶塌陷和突发采空区塌陷。

9.1.2 对已出现险情的突发地面塌陷灾害应优先采用高精度仪器进行非接触监测,以确保技术人员的安全。

9.1.3 监测主要针对可能威胁保护对象的突发地面塌陷及其影响区。

9.2 应急监测内容

9.2.1 监测内容

9.2.1.1 岩溶塌陷动力监测:重点监测诱发(触发)岩溶塌陷的动力条件,包括岩溶水气压力(基岩及土层地下水位)变化、大气降雨、地震(震动)等。

9.2.1.2 隐伏土洞监测:重点监测塌陷区隐伏土洞(土层扰动带)的发育和发展情况。

9.2.1.3 地面变形监测:监测地面沉降、地裂缝发展情况。

9.2.1.4 地下岩溶稳定性监测:重点监测地下水浑浊度(含砂量)。

9.2.1.5 塌陷坑稳定性监测:重点监测塌陷坑的发展变化情况。

9.2.1.6 突发采空区塌陷巷道监测:重点监测巷道的发展变化情况。

9.2.2 监测范围

9.2.2.1 突发地面塌陷的监测范围应根据诱发突发地面塌陷的主要影响因素、地质条件等确定。

9.2.2.2 岩溶塌陷动力监测应布置在岩溶地下水径流带、钻孔遇溶洞或裂隙破碎带。

9.2.2.3 隐伏土洞监测:岩溶塌陷影响区的重要工程、线性工程、重要路段。

9.2.2.4 稳定性监测：塌陷区、主要影响因素800 m～1 000 m范围内的民井、机井。

9.2.2.5 采空区巷道监测：塌陷影响范围内的巷道、地表裂缝（台阶）及建（构）筑物变形。

9.3 监测方法及精度要求

9.3.1 监测仪器设备

根据突发地面塌陷应急监测的监测内容选择相应仪器设备，详见附录A表A.3。

9.3.2 仪器的选型

9.3.2.1 地下水位自动监测仪：量程应不少于20 m水头压力，水位测量精度不宜低于1 cm。

9.3.2.2 自动雨量计：量测精度不宜低于0.2 mm。

9.3.2.3 流动震动台：可选用短周期地震仪，安装应参照DB/T 16－2006。

9.3.2.4 地面地质雷达应使用频率100 MHz的屏蔽天线。

9.3.2.5 全球定位系统、全站仪的水平位移精度不应小于5 mm，垂直位移精度不应小于10 mm。

9.3.2.6 裂缝计的量测精度不应低于0.5 mm，钢尺的量测精度不应低于1 mm。

9.3.2.7 地下水浑浊度计：浊度传感器范围0～4000 NTU。

9.3.2.8 无人飞机：应具备自动拍照、测定风速风向、对地测距功能，图片全自动拼接并生成DSM（数字地表模型）。

9.4 监测频率

9.4.1 岩溶水气压力变化自动采样频率不少于6次/小时。

9.4.2 在抢险阶段，突发地面塌陷监测的地面地质雷达监测、地面变形全球定位系统监测、应力监测、地裂缝采样频率不少于2次/日，塌陷趋于稳定时采样频率不少于1次/3日。雨量计、地震台为实时监测。

9.4.3 地下水混浊度采样频率不少于6次/小时，人工取样监测时频率初期为1次/日，地下水变清而且持续5天没变化时，可停止监测。

9.4.4 塌陷坑稳定性监测：无人机监测频率在抢险阶段不少于1次/日，后期不少于1次/3日。

9.5 监测网（点）布设

9.5.1 突发岩溶塌陷监测网（点）布设

9.5.1.1 监测布设应以突发地面塌陷的安全监测为主，兼顾抢险的需要。

9.5.1.2 突发地面塌陷动力监测：应充分利用现有水井、泉点、钻孔、基坑等开展监测工作，必要时，应通过钻探快速成孔，岩溶水气压力监测点数量不少于3个，而且雨量监测点不少于1个，流动地震台不少于3处。

9.5.1.3 隐伏土洞监测：以测线的方式部署，重点考虑塌陷区公路、铁路、地下管线、重要场地等，各测线拐点要设置固定桩测量坐标。

9.5.1.4 地面变形监测：地面沉降监测点按全球定位系统测量B级标准部署，参照GB/T 18314—2009；地裂缝监测主要选择有代表性的裂缝布置固定点。

9.5.1.5 地下岩溶稳定性监测：利用现有水井、泉点、钻孔、基坑等开展监测工作，重点监测地下水已经浑浊的水点。

9.5.1.6 塌陷坑演化监测：在天气条件许可时，应部署无人机测量，以塌陷区为中心，成图比例尺不小于1∶1 000。通过图像空间分析，形成地形数字模型，计算塌陷坑发展变化情况。

9.5.2 突发采空区塌陷监测网（点）布设

9.5.2.1 突发采空区塌陷巷道监测：主要为地面变形监测，同时应充分利用现有巷道等开展监测工作。

9.5.2.2 突发采空区塌陷地面变形监测内容应包括地表下沉值、地表水平位移值、地表裂缝（台阶）及建（构）筑物变形等。

9.5.2.3 基准点应布置在不受采空塌陷影响的稳定区域内。冻土地区控制点基底应在冰冻线以下不小于0.5 m处。监测点的埋设、精度要求、基准点的设置应满足GB/T 50026—2007相关规定。

9.5.2.4 观测线宜平行和垂直于工作面，数量不宜少于2条，走向观测线宜设在移动盆地主断面位置，长度宜大于地表移动变形的预计范围。观测线长度确定所采用的移动角应采用矿区已求得的角值；当矿区无角值参数时，可参考地质、采矿条件相似的矿区选用。

9.5.2.5 利用现有巷道，通过钻探快速成孔，数量不宜少于2个断面，包括多点位移计监测、收敛计监测、顶板沉降监测、应力监测。

9.6 监测资料整理分析

9.6.1 监测资料整理

9.6.1.1 地面变形监测资料的整理主要包括地表位移监测数据统计报表、位移-时间过程曲线图、位移速率-时间过程曲线图、位移倾角-时间过程曲线图、裂缝监测记录报表、裂缝张开度-时间过程曲线图等，图表格式参见附录D。

9.6.1.2 气象、水文监测资料的整理主要包括气象、水文监测记录报表，降雨量-时间过程曲线图，地下水位-降雨量关系图等，图表格式参见附录D。

9.6.1.3 巡视检查内容应及时填报突发地质灾害巡视检查记录表，格式见附录E。

9.6.2 监测资料分析

一般情况下，各类监测信息发生明显变化时，均应发出预警，无需过多地分析各类数据间的数值关系。

9.7 监测预警

9.7.1 突发地面塌陷灾害预警判据是指用于判定特定区域发生突发地面塌陷可能性的指标。常用的预警判据见表7。

表7 突发地面塌陷灾害预警判据

序号	判据名称	判据值	适用条件
1	巷道变形	变形增大	
2	巷道受力	受力有明显变化	
3	岩溶管道裂隙系统水气压力	岩溶管道裂隙系统中的水气压力变化值大于基岩面上覆土体的渗透变形临界值	第四系地下水（地表水体）与岩溶地下水水力联系紧密

表7 突发地面塌陷灾害预警判据（续）

序号	判据名称	判据值	适用条件
4	岩溶地下水位	从基岩面以上降到基岩面以下	
5	降雨量	日降雨量大于年平均降雨量的1/4～1/3	极端气候
6	地震或震动	有明显沉降变形现象	有震感地区
7	地质雷达指标	土洞或扰动异常	地下水位以上土层，土层厚度少于10 m，土层含水量越低效果越好
8	沉降变形 裂缝变形	变化增大	
9	地下水含砂量	增大	可取地下水样区域
10	新塌陷坑形成	数量增加	

9.7.2 突发地面塌陷预警分为两个等级，即警戒级（黄色预警）与警报级（红色预警）。
    a) 警戒级（黄色预警）：当地下空洞区上覆盖层岩土体出现变形失稳迹象时，即为警戒级。
    b) 警报级（红色预警）：当发现或判别形变、坍塌有明显加剧趋势，即进入警报级。

9.7.3 塌陷地质灾害险情或灾情已消除或得到有效控制后，经过专家组技术会商确认后，并报有关管理部门同意，应解除警报，应急监测工作随之结束。

10 应急监测设备保障

10.1 设备供电

10.1.1 供电方式

    a) 对于具有极低功耗的高性能微处理器和无线网络设备，可采用电池直接供电的方式（电池可连续工作1～3年）。
    b) 有市电接入条件的宜采用市电供能，并结合备用蓄电池组和不间断电源系统，需要进行电力线路敷设。
    c) 在光热条件适宜区，宜优先选用太阳能供电方式的监测设备。

10.1.2 供电选择

    a) 简易雨量站可以优先采用电池供电方式。
    b) 自动雨量站、泥位站、土体孔隙水压力站、含水率站、振动站优先采用太阳能供电方式。
    c) 视频监测站、次声监测站优先选择、优先采用市电或者其他稳定供电方式，在其他条件下可采用太阳能间断供电方式。

10.2 通信

10.2.1 需要在现场进行即时预警的情况下，可采用ZigBee、微波或其他短程通信方式将传感器采集数据传输至现场数据处理器并发送至报警设备实现预警。

10.2.2 对于有公网覆盖的地区，应优先选用无线公网（GSM、CDMA、GPRS）进行通信，其中视频可采用ADSL、光纤方式通信。

10.2.3 对于公网未能覆盖的地区,宜选用无线网桥、北斗卫星进行通信,其中视频可采用 ADSL、光纤方式和 IPstar 卫星方式通信。

10.2.4 对于重要监测站且有条件的地区,可同时选用无线通信和北斗卫星互为备份、自动切换的通信方式,确保信息传输信道的畅通。

11 应急监测报告编制

11.1 监测报告分为监测方案、日报、快报、总结报告等,详见附录 J。

11.2 监测方案可在监测实施过程中逐步完善,内容应反映应急监测布置项目、监测点布置位置、监测仪器设备、监测频率等。

11.3 监测日报应反映监测数据统计结果、单因素历时曲线图、多因素关系曲线图等。对灾害体现状及发展趋势进行综合分析评价,提出结论及建议。

11.4 监测期出现重大变形,应及时编写监测快报,报送相关部门。

11.5 总结报告主要内容包括:监测数据统计结果、灾害体现状及发展趋势综合评价、是否发布监测预警及预警级别、监测结论及应对措施建议等。

附 录 A
（资料性附录）
应急监测设备及基本技术指标

表 A.1 突发滑坡（崩塌）应急监测预警设备及其基本技术指标

监测内容	常用监测技术方法	特点	常用监测设备	技术工作参数
变形	全站仪监测	监测滑坡体表层各部位的位移，测量范围广，无量程限制	全站仪、测量机器人等	测角$2''$，测距$(2+2\times10^{-6})$mm
	GNSS测量法	利用卫星定位技术进行大地测量，测量大地形变，机动灵活，精度较高	单频、双频GNSS接收机	RTK：$(2+1\times10^{-6})$cm；静态后处理：水平$(2.5+0.5\times10^{-6})$mm 垂直$(5+0.5\times10^{-6})$mm
	测缝法（人工、自动测缝）	监测滑坡体裂缝和滑带的相对位移	皮尺、测缝计	分辨率：0.025% FSR；稳定性：<0.2%/a
相关因素	地下水水位监测	监测地下水水位	水位计	精度：±0.1% F.S；稳定性：±0.5% F.S/a
	孔隙水压力监测	监测孔隙水压力	孔隙水压力计	±0.25% F.S/a
	含水量（率）监测	监测岩土体透水性变化	水分含量仪	测量精度：0.01%；响应时间：1 s
	水文监测	监测与滑坡相关的江、河或水库等地表水体的水位、流速、流量等	流速仪、流量堰	分辨率：0.02% F.S；稳定性：±0.05% F.S/a
	降水监测	滑坡体环境降水量	雨量计（机械式、电动自记式）	±3%
	气温监测	滑坡体环境气温变化	温度计	精度：0.01℃；分辨率：0.001℃
	地震监测	监测附近及外围地震情况	地震仪	
	人类工程活动监测	监测与滑坡体的形成、再活动有关的人类工程活动	人工巡视	地质锤、相机、放大镜等
宏观前兆现象观测		裂缝发生及发展；地面沉降、下陷、坍塌、膨胀、隆起；建筑物变形；地声异常；地下水异常；动物行为异常等	人工巡视、群测群防	地质锤、相机、望远镜等

表 A.2 突发泥石流应急监测预警设备及其基本技术指标

传感器	监测参数	工作方式	精度	量程	信号输出方式
雨量计*	雨量	翻斗式	±3%	≤4 mm/min，在8 mm/min可以工作	脉冲式
孔隙水压力传感器	土壤孔隙水压力	振弦式/压阻式	±0.25% F.S/a	0 m～10 m（0 kPa～100 kPa）	4 mADC～20 mADC/0～5 VDC/0～10 mADC
含水率传感器	含水率	频域测量式	0%～50%范围内±2%（m³/m³）	0%～100%（m³/m³）	0～2.5 VDC
雷达泥位计	泥位	雷达式	±10 mm	0 m～30 m	4 mA～20 mA/RS232/RS485
振动传感器	振动量	压电式	<1.5%	0 g～5 g	4 V或0～5 VDC
次声传感器*	次声波	电容式	40 mV/Pa	0 Hz～20 Hz	蜂鸣/报警声
摄像头*	视频	实时/定时采集式	彩色480线；黑白600线；信噪比>50 db	压缩输出码率：64 kbps～2 Mbps；音频压缩码率：最大8 kbps	视频流压缩和jpeg照片压缩格式；传输速率：9 600 bps～57 600 bps

注：*应满足区域不同频率低温的要求，特别是高寒高海拔区域需要重点考虑耐低温环境。

表 A.3 突发地面塌陷应急监测仪器及其基本技术指标

序号	监测名称	监测内容	仪器	技术工作参数	适应范围
1	动力监测	岩溶管道裂隙系统水气压力	孔隙水压力计	±0.25% F.S/a	突发岩溶塌陷
		降雨量	自动雨量计	±3%	突发岩溶塌陷、突发采空区塌陷
		地震或震动	流动地震台		突发岩溶塌陷、突发采空区塌陷
2	隐伏土洞监测	隐伏土洞	地面地质雷达	工作温度：-20℃～50℃；脉冲幅度：>5 500 V；动态范围：>180 dB	突发岩溶塌陷
3	地面变形监测	沉降变形	全站仪、全球定位系统	测角2″，测距(2+2×10⁻⁶)mm	突发岩溶塌陷、突发采空区塌陷
		裂缝变形	裂缝计、钢尺	分辨率：0.025% FSR；稳定性：<0.2%/a	突发岩溶塌陷、突发采空区塌陷
4	地下岩溶稳定性监测	地下水含砂量	地下水浑浊度计	分辨率：0.01 NTU；示值相对误差：±10%	突发岩溶塌陷
5	塌陷坑演化监测	塌陷坑的变化	无人机测量		突发岩溶塌陷、突发采空区塌陷
6	地下洞室稳定性监测	巷道的变化	多点位移计、收敛计、水准仪、应力计、声发射	多点位移计精度：<0.5 mm；收敛计精度：<0.5 mm	突发采空区塌陷

附 录 B
（资料性附录）
应急监测观测墩类型结构示意图

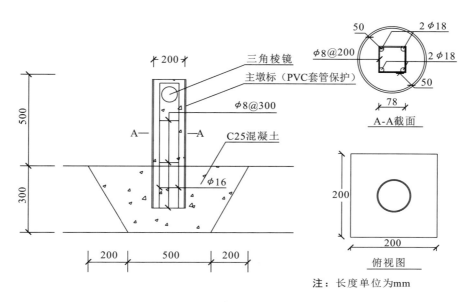

图 B.1 观测墩结构示意图

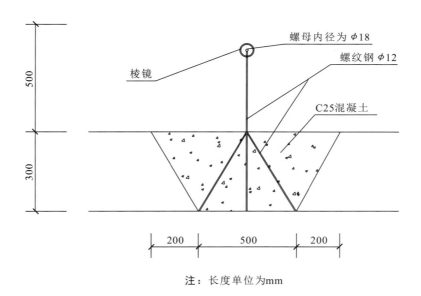

注：长度单位为mm

图 B.2 简易观测墩结构示意图

附 录 C
（资料性附录）
突发滑坡宏观地质现象巡查内容

C.1 地表有无裂缝出现，前缘岩土体局部有无坍塌、鼓胀、剪出，建（构）筑物（房屋、地下硐室）有无开裂、沉陷或地面破坏等。

    1）地表裂缝出现的位置、规模、组合形态、延伸方向、错距及发生时间，测量其产生部位、变形量及其变形速率。

    2）突发滑坡局部岩土体的鼓胀、坍塌位置、范围、面积及形态特征、发生及延伸时间，以及建筑物或农田、道路等的破坏等。

    3）地面局部沉降位置、形态、面积、幅度及发生、延续时间。

    4）建筑物变形、堡坎等构筑物裂缝的变化及发生持续时间。

    5）地下硐室变形和破坏情况及发生持续时间。

    6）沟谷、路堑边坡的岩土体结构面顺坡滑动变化情况。

    7）悬崖或高陡边坡的岩石崩落频度与岩石崩落量的变化情况。

C.2 有无异常地声。

C.3 突发滑坡灾害体上动物（鸡、狗、牛、羊等）有无异常活动现象。

C.4 地表水和地下水是否出现异常。如地表水、地下水水位突变（上升或下降）或水量突变（增大或减小），水质突然浑浊，泉水突然消失或者突然出现新泉等。

C.5 巡视检查宜以目测为主，可辅以量尺等设备进行。

C.6 巡视检查情况应做好记录。检查记录应及时整理，并与仪器监测数据进行综合分析。

C.7 巡视检查如发现异常和危险情况，应及时通知防治责任主体及其他相关部门。

附 录 D
（资料性附录）

监测资料整编图表格式

表 D.1 突发滑坡、崩塌应急监测地表位移监测数据统计报表

突发滑坡、崩塌应急监测地表位移监测数据统计报表（表 D.1）

日期：____年____月____日____时　　　　报表编号：_____　　　　第　　页　共　　页
天气：　　　　　　　　　　　　　　　　　　　计　算：_____　　　　观测：_____
　　　　　　　　　　　　　　　　　　　　　　　　　　　　　　　　　　　　校核：_____

监测点编号	X方向位移（增加水平方向）			Y方向位移			合位移（位移矢量，垂直位移）					备注
	本次位移量 mm	累积位移量 mm	位移速率 (mm/d)	本次位移量 mm	累积位移量 mm	位移速率 (mm/d)	本次位移量 mm	累积位移量 mm	位移速率 (mm/d)	位移加速度 (mm/d²)	位移方向 (°)	位移倾角 (°)	
说明	1. 数据正负号的物理意义，垂直位移向下为负，向上为正。 2. 监测点损坏情况。 3. 备注中注明监测点数据是否异常。						监测点布置示意图					
工况												

监测责任人：_____　　　　　　　　　　　　　　　　　　　　监测单位：_____

突发滑坡、崩塌应急监测裂缝统计表(表 D.2)

表 D.2 突发滑坡、崩塌应急监测裂缝统计表

第　页　共　页

发现日期	编号	位置		性质类别	裂缝描述					
年-月-日		部位	高程/m		长/cm	张开/cm	深/cm	走向/(°)	倾角/(°)	垂直错距/cm

裂缝分布示意:

统计者:＿＿＿＿＿＿＿＿＿＿　　　　　　　　校核者:＿＿＿＿＿＿＿＿＿＿
监测负责人:＿＿＿＿＿＿＿＿＿＿　　　　　　监测单位:＿＿＿＿＿＿＿＿＿＿

表 D.3 突发滑坡、崩塌应急监测裂缝监测记录报表

突发滑坡、崩塌应急监测裂缝监测记录报表（表 D.3）

日期：____年____月____日____时
天气：____

报表编号：____
计算：____

第____页 共____页

观测：____
校核：____

裂缝监测点编号	裂缝性质	本次变化				累积变化				变化速率				备注
		张开度 cm	长度 cm	垂直错距 cm	水平错距 cm	张开度 cm	长度 cm	垂直错距 cm	水平错距 cm	张开度 (cm/d)	长度 (cm/d)	垂直错距 (cm/d)	水平错距 (cm/d)	

说明：
1. 所填写数据正负号的物理意义。
2. 裂缝变化最大部位。
3. 重要部位裂缝贯通情况。

监测点布置示意图：

工况：

监测负责人：____   监测单位：____

突发滑坡应急监测气象、水文监测记录报表(表D.4)

表 D.4 突发滑坡应急监测气象、水文监测记录报表   第　页 共　页

第　期

日期：＿＿＿年＿＿＿月＿＿＿日＿＿＿时　　　报表编号：＿＿＿＿＿　　　天气：＿＿＿＿＿
观测：＿＿＿＿＿　　　　　　　　　　　　　　　计　算：＿＿＿＿＿　　　校核：＿＿＿＿＿

地下、地表水位监测点编号	初测水位高程 m	本次变化			备注	泉流量监测点编号	本次变化			备注
		本次水位高程 m	本次变化量 cm	累计变化量 cm			上期流量 (L/s)	本次流量 (L/s)	变化量 (L/s)	

序号	降雨时间	累积雨量 mm	最大雨强		前10日累计降雨量/mm	备注
			mm/h	mm/10 min		
1	时　分～　时　分					
2	时　分～　时　分					
3	时　分～　时　分					
……	时　分～　时　分					

监测负责人：＿＿＿＿＿＿＿　　　　　　　　监测单位：＿＿＿＿＿＿＿

雨量监测设备运行状况周报表(表 D.5)

表 D.5 雨量监测站设备运行状况周报表
(降雨量单位:mm)

第　　页 共　　页

项目 站点	月　日 降雨量	月　日 降雨量	月　日 降雨量	月　日 降雨量	月　日 降雨量	月　日 降雨量	月　日 降雨量	本周降雨总量	本周日平均降雨量
区域平均									
自动监测站点设备运行状况									
泥石流报警短信发布情况									
备注									

数据统计时间：　月　日 8:00 ～ 月　日 8:00

填表：_____　　审核：_____

监测资料整编图(图 D.1～图 D.18)

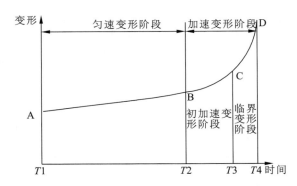

图 D.1 突发滑坡变形的三阶段演化图

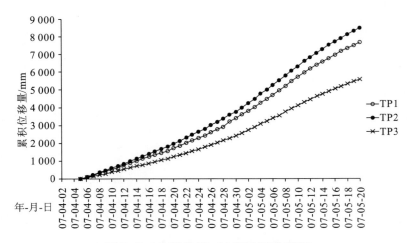

图 D.2 水平位移-时间过程曲线图

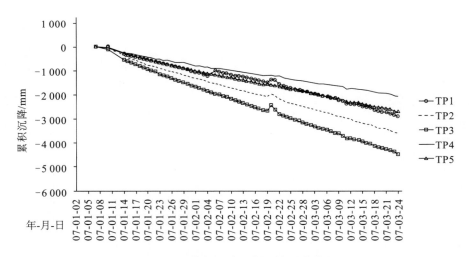

图 D.3 垂直位移-时间过程曲线图

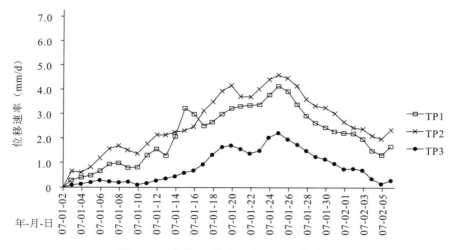

图 D.4　合位移速率-时间过程曲线图

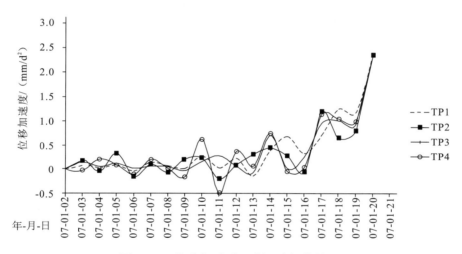

图 D.5　位移加速度-时间过程曲线图

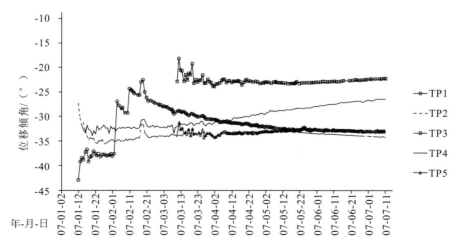

图 D.6　位移倾角-时间过程曲线图

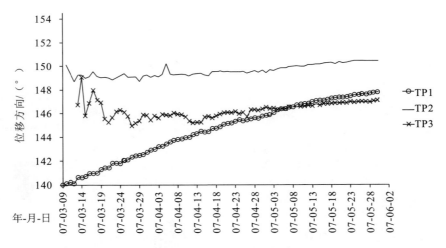

图 D.7 位移方向-时间过程曲线图

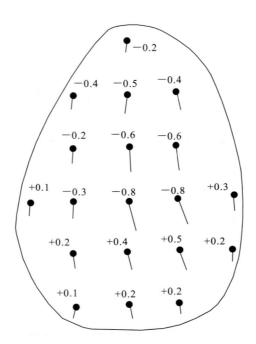

图 D.8 地表位移矢量平面图

图中圆点及线段表示监测点位置及其水平位移矢量方向和
位移量(m);图中数值及正负号表示监测点垂直位移量(m)
和方向(负号表示下沉,正号表示隆起)

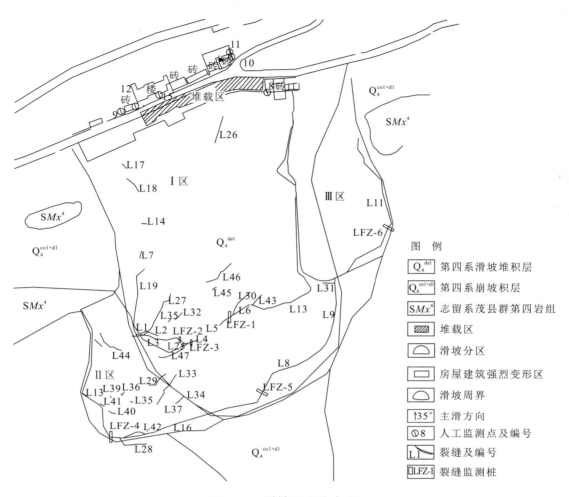

图 D.9 裂缝平面分布图

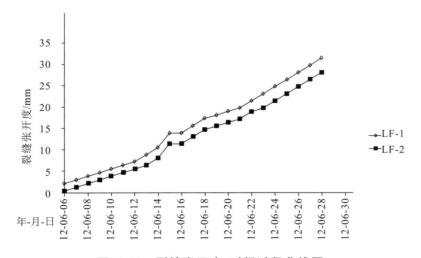

图 D.10 裂缝张开度-时间过程曲线图

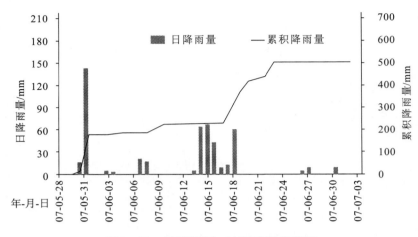

图 D.11 日降雨量-时间过程曲线图

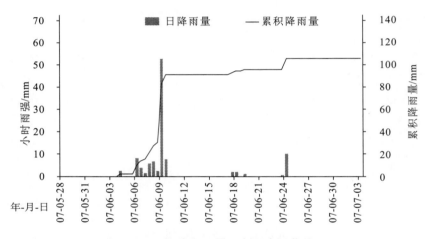

图 D.12 小时降雨量-时间过程曲线图

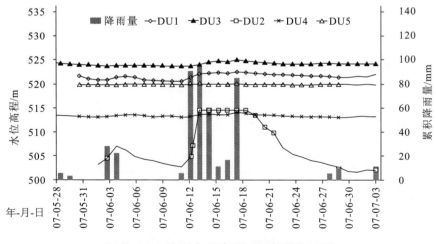

图 D.13 地下水位高程-降雨量关系图

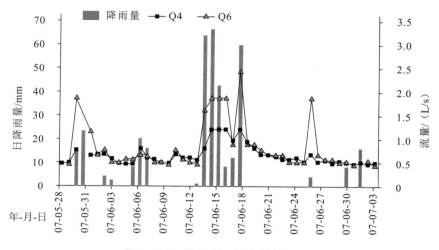

图 D.14 降雨量-泉流量关系图

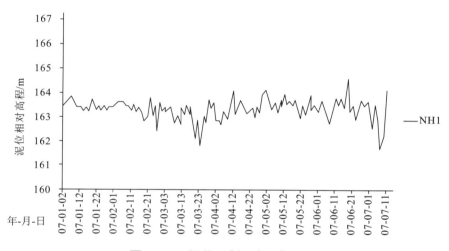

图 D.15 泥位-时间过程曲线图

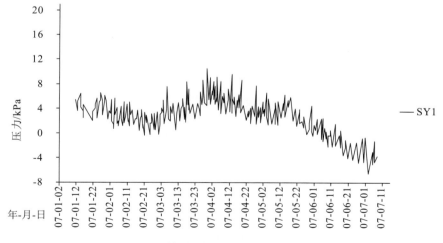

图 D.16 土体孔隙水压力-时间过程曲线图

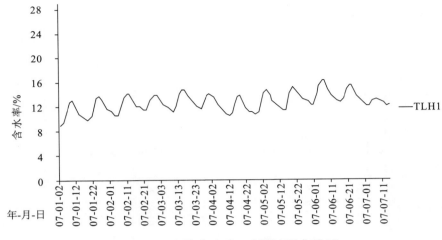

图 D.17　土体含水率-时间过程曲线图

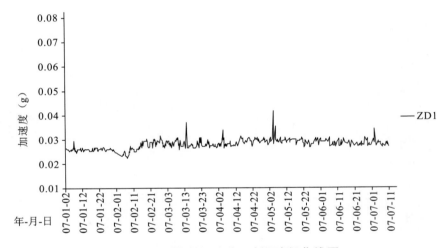

图 D.18　重力加速度-时间过程曲线图

附 录 E
（资料性附录）
突发地质灾害人工巡视记录表

巡视表格编号：_____

_____人工巡视记录表	
日期：____年____月____日　　　　时间：____至____	
巡视人员：_____　　　　　　　天气：_____	
地质环境描述：	
监测设施： 　1. 基准点、测点完好状况 　2. 监测元件完好情况 　3. 观测工作条件	
现场异常情况：	
重点部位描述及检查：	
人员询问走访：	
如有必要附草图素描或照片：	

工程负责人：_____　　　　　　　　　　　　　　　监理单位：_____

附　录　F
（资料性附录）
突发滑坡灾害综合信息预警系统

预报判据 / 预警方法	位移-时间曲线示意图				预警适宜性
变形破坏阶段	Ⅰ蠕动变形	Ⅱ匀速变形	Ⅲ加速变形	Ⅳ临界变形	
1　变形速率判据 / 监测位移曲线跟踪法	减速变形，切线角α由大变小，甚至曲线下弯	等速变形，α角近恒定，曲线向上呈微斜直线	变形加速，α角由恒定变陡，曲线上弯	变形急剧，α角陡立，曲线近陡直	临滑预警，长、中、短期趋势预警
2　蠕变曲线切线角（α）和矢量角判据 / 指数平滑法，卡尔曼滤波法，多元非线性相关分析法等	位移矢量角α渐小至0	位移矢量角α等值增大	位移矢量角α由等值增大到非等值（加速）增大	位移矢量角α突然增大或减小	
3　稳定系数（K）判据 / 极限分析法	$K>1.05$	$1.05 \geq K \geq 1.0$	$1.0>K \geq 0.95$	$K<0.95$	
4　变形行迹判据 / 宏观地质调查法	后缘出现断续拉张裂缝	后缘不连续拉张裂缝，两侧现羽状裂缝，后缘微错落下沉	后缘弧形拉裂圈与两侧纵向剪张裂缝趋于连接，后缘错落下沉，前缘微鼓胀	后缘弧形拉裂圈与两侧纵向剪张裂缝贯通，后缘壁和前缘鼓胀形成，前缘滑床岩层倾角变陡，并呈现挤压褶皱、裂缝和压碎	临滑预警，长、中、短期趋势预警
5　宏观先兆判据 / 宏观调查法				前缘坍塌，局部小规模崩滑日趋频繁，地下水变化异常，地声、地热现象、动物行为异常，超常降雨和地震	

附 录 G
（资料性附录）
突发地质灾害应急监测预警响应

G.1 突发滑坡灾害应急监测预警响应

a) 警示级（黄色预警）
   1) 开展专业监测。
   2) 划定突发滑坡灾害危险区和影响区，发放防灾明白卡，实施搬迁避让方案或应急抢险方案。
   3) 启动防灾预案。

b) 警戒级（橙色预警）
   1) 发布橙色预警。
   2) 完成或加快搬迁避让方案或应急抢险方案的实施。
   3) 24小时不间断监测巡视，遇到紧急情况随时向防灾责任主体单位及有关部门报告。

c) 警报级（红色预警）
   1) 发布红色警报。
   2) 撤离处于危险区和影响区的所有人员。

G.2 突发崩塌灾害应急监测预警响应

a) 警示级（黄色预警）
   1) 开展专业监测。
   2) 应立即启动防灾预案，必要时采取有效的应急处置措施。
   3) 紧急疏散危险区内所有人员。

b) 警报级（红色预警）
   1) 发布红色警报。
   2) 撤离处于危险区和影响区的所有人员。

G.3 突发泥石流灾害应急监测预警响应

a) 警示级（黄色预警）
   1) 开展专业监测。
   2) 划定突发滑坡灾害危险区和影响区，发放防灾明白卡，实施搬迁避让方案或应急抢险方案。

b) 警戒级（橙色预警）
   1) 发布橙色预警。
   2) 划定危险区和影响区，组织危险区内的居民群众迅速撤离避让。

c) 警报级（红色预警）
   1) 发布红色警报。

2) 迅速撤离危险区和影响区的所有人员,组织应急抢险队伍。

G.4 突发地面塌陷灾害应急监测预警响应

a) 警示级(黄色预警)
   1) 开展专业监测。
   2) 应立即启动防灾预案,必要时采取有效的应急处置措施。
   3) 紧急疏散危险区内所有人员。
b) 警报级(红色预警)
   1) 发布红色警报。
   2) 撤离处于危险区和影响区的所有人员。

附 录 H
（资料性附录）
崩塌形成机理分类及特征

类型	岩性	结构面	地形	受力状态	起始运动形式
倾倒式崩塌	黄土、直立或陡倾坡内的岩层	多为垂直节理、陡倾坡内—直立层面	峡谷、直立岸坡、悬崖	主要受倾覆力矩作用	倾倒
滑移式崩塌	多为软硬相间的岩层	有倾向临空面的结构面	陡坡通常大于55°	滑移面主要受剪切力作用	滑移
坠落式崩塌	坚硬岩层、黄土	垂直裂隙发育，通常无倾向临空面的结构面	大于45°的陡坡	自重引起的剪切力	错落
鼓胀式崩塌	黄土、粘土、坚硬岩层下伏软弱岩层	上部垂直节理，下部为近水平的结构面	陡坡	下部软岩受垂直挤压	鼓胀伴有下沉、滑移、倾斜
拉裂式崩塌	多见于软硬相间的岩层	多为风化裂隙和重力拉张裂隙	上部突出的悬崖	拉张	拉裂

附 录 I
（资料性附录）
泥石流活动监测预警分析方法

I.1 雨量预警阈值确定方法

目前，有关泥石流预警雨量阈值的研究，主要集中在泥石流临界雨量上，即引发泥石流的雨量。泥石流预警雨量指标主要包括10分钟预警雨量指标（10 min）、1小时预警雨量指标（1 h）、24小时预警雨量指标（24 h）。我国山区泥石流灾害多由短时间暴雨触发，计算24小时预警雨量指标意义不大，因此本标准着重计算10分钟预警雨量指标和1小时预警雨量指标。

泥石流预警雨量阈值计算方法较多，但多是根据不同区域泥石流灾害案例进行统计分析所提出来的方法。根据监测区水文、气象、地质等因素，本标准采用灾害历史调查法、模型计算法和模型试验法分别确定泥石流临界雨量，在此基础上进行综合分析，最终确定泥石流临界雨量。

a) 灾害历史调查法

灾害实例调查法是在缺乏资料地区最常用的一种方法。通过对大量的灾害实例调查和雨量调查资料（有条件时也可收集一些专用雨量站实测资料，如厂矿、企业、水电站等单位的专用雨量站资料，也应收集区域周边邻近地区的雨量资料，便于分析比较），进行分析筛选，确定灾害区域临界雨量。采用此方法必须作全面的灾害实例调查和对应雨量调查，对所调查到的灾害及其对应的降雨资料进行统计分析时，根据调查资料情况，可以统计各场灾害不同时间段（但时间段不可能像已有资料区域分得那么细）和过程降雨量，将历次灾害中各时间段和过程的最小雨量作为临界雨量初值。

b) 基于泥石流形成机理的模型计算方法（水力类泥石流）

按照泥石流形成的动力条件，可将泥石流划分为土力类泥石流和水力类泥石流，土力类泥石流是指准泥石流体或山坡强度降低而启动形成泥石流，偏粘性；水力类泥石流是指水流对坡面或沟槽强烈侵蚀而形成泥石流，偏稀性。

目前，尽管水力类泥石流启动的研究成果较土力类泥石流少，但还是有不少学者提出了水力类泥石流启动模型，这些启动模型按照建模理论可以分为两类：其一，采用摩尔-库伦破坏准则建立的水力类泥石流启动模型，代表性成果主要是 Takahashi 模型、Berti 模型、Sassa 模型等；其二，依据试验资料或调查资料建立的经验模型，其中最具代表性的有 Toganacca 模型、Gregoretti 模型、中科院山地所模型等。

基于试验资料或调查资料建立的模型，能够考虑沟床物质大小、沟床比降、沟床堆积物容重等因素的影响，这些参数通过调查直接获取，此类公式能够依据以上参数计算泥石流启动时刻单宽清水流量。其中最具代表性的是 Toganacca 公式：

$$q = 4 \frac{d_m^{15}}{(\tan\theta)^{1.17}} \quad\quad\quad\quad\quad (I.1)$$

式中：

q——泥石流启动单宽流量，m^3/s；

d_m——堆积物颗粒平均粒径，dm；

θ——沟床坡度，(°)。

采用沟床启动模型计算泥石流启动降雨阈值,需要先计算泥石流启动临界流量。采用修正后的Toganacca公式计算泥石流启动临界流量。修正后的Toganacca公式在进行计算时,采用沟床粗化层中值粒径进行计算。

利用此方法的具体操作步骤为:

1) 确定沟道侵蚀型泥石流形成区特征过流断面

根据调查测绘确定泥石流沟道内泥石流形成区范围,在所述沟道泥石流形成区内的上段区域选择一段沟道顺直、沟床比降均一的沟段作为特征过流沟段,以所述特征过流沟段的中间断面作为特征过流断面。

2) 确定地形地质基本参数数据

调查测绘测量确定地形地质基本参数数据,所述地形地质基本参数数据包括:特征过流断面松散物质粗化层中值粒径 d_{50},特征过流断面宽度 B,固体物质容重 γ_s,特征过流沟段比降 i。

3) 计算启动临界流量

根据调查数据,结合修正后的Tongnacca公式,计算沟床堆积物启动形成泥石流的径流总量 Q。

4) 计算1小时临界雨量

根据泥石流启动径流总量,结合沟道特征断面以上泥石流沟流域面积、总体比降等参数,运用当地水文手册中推荐的方法,计算泥石流启动1小时降雨量。

5) 计算10分钟临界雨量

假定10分钟临界雨量和1小时临界雨量同频率,结合1小时临界雨量值计算10分钟临界雨量。

c) 模型试验法(土力类泥石流)

模型试验法是通过野外人工降雨进行泥石流启动原型实验,分析泥石流启动过程中不同密度宽级配土体失稳转化为泥石流的具体降雨量指标(图 I.1)。实验区应选择在物源区平整坡体进行,实验区面积大于 2 m×2 m,松散砾石土厚30 cm~35 cm,坡角保持天然坡度35°左右。实验区四周用防雨布覆盖,减少周围径流的影响。每次试验前均对坡面各参数进行测量,确保每次试验条件一致。降雨设备有效均匀降雨区域面积应大于 20 m²,且降雨强度范围以 10 mm/h~150 mm/h 为宜。

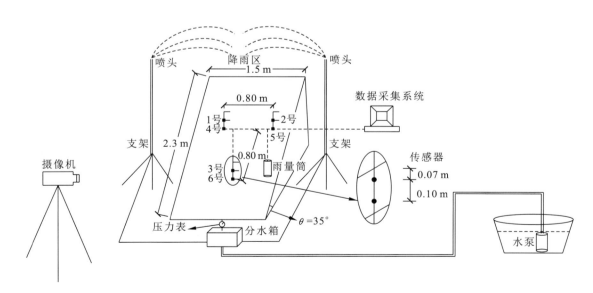

图 I.1 模型试验示意图

I.2 泥位阈值确定方法

泥位特征值的确定是泥石流预警中的基本数据,特别是对于建立低频率泥石流或缺乏资料区域的泥石流监测预警系统尤为重要。泥石流泥位阈值的确定方法为:

a) 根据泥位站点的安装位置,计算出该断面处不同频率泥石流的流量。
b) 调查各断面的泥石流洪痕,根据不同频率下各断面的流量,计算不同频率下泥石流的泥位深度。

泥石流的流量 Q_c、流速 U_c 以及过流断面面积 A 之间存在如下关系:

$$Q_c = U_c A \quad\quad\quad (I.2)$$

其中,流速 U_c 采用西南地区现行的泥石流流速计算公式:

$$U_c = (M_c/\alpha) R^{2/3} I_c^{1/2} \quad\quad\quad (I.3)$$

式中:

M_c——泥石流沟糙率系数(可参见《中国泥石流》);
α——校正系数(可根据泥石流固体物质容重计算);
R——水力半径,m;
I_c——比降(用小数表示)。

根据不同雨量阈值(警戒雨量、紧急撤离雨量)下各泥位站点观测到的泥石流峰值流量,采用上述公式可以计算泥石流泥位阈值。

I.3 土体孔隙水压力和含水率预警阈值确定方法

孔隙水压力指标和含水率指标只能通过模型试验法获取,因此可以通过人工降雨试验来获取孔隙水压力和含水率阈值,并结合不同的降雨强度来确定泥石流形成雨量、警戒雨量和紧急撤离雨量下的孔隙水压力阈值和含水率阈值。

I.4 振动预警阈值确定方法

由于各沟道地质条件各异,泥石流流动情况及其引发的振动资料极为缺乏,因此振动监测设备的预警阈值需要对长时间序列振动观测数据分析后确定。

附　录　J
（资料性附录）
突发地质灾害应急监测预警报告内容

J.1 突发地质灾害应急监测日报

a) 数据分析
   当日监测数据统计结果、单因素历时曲线图、多因素关系曲线图等。
b) 地质灾害现状及发展趋势分析与评价
   通过数据分析，对地质灾害现状稳定性进行综合分析评价，并对地质灾害的发展趋势进行预测分析。
c) 结论建议
   对当日监测成果进行归纳总结并提出相应的措施建议。
d) 附图
   突发地质灾害应急监测预警平、剖面布置图。
e) 附表
   突发地质灾害应急监测原始数据。

J.2 突发地质灾害应急监测预警总结报告

a) 序言
   任务来源，监测目的和任务，工作起止时间，工作区地理位置、坐标范围或图幅编号，社会经济概况，以往工作程度。附插图：工作区交通位置图和工作程度图。
b) 区域自然地理条件和地质环境条件
   水文气象、地形地貌、地层岩性，地质构造、新构造运动与地震、水文地质条件，工程地质条件，环境地质和人类工程活动等。附插图：工作区综合地质图。
c) 工作区地质灾害现状
   突发地质灾害的地形地貌特征、规模、稳定性分析与威胁对象及防治现状。附插图：突发地质灾害的平面图。
d) 防治工程概况
   突发地质灾害防治范围、目标、标准以及防治工程的施工结构设计。
e) 监测方案
   1) 监测内容选择
   2) 监测方法及精度确定
   3) 监测仪器选择
   4) 监测网布设与监测设施保护
   5) 监测期和监测频率
   6) 监测报警及异常情况下的监测措施
   7) 监测数据处理与信息反馈

8) 监测人员的配备

9) 监测仪器设备及检定要求

10) 作业安全及其他管理制度

f) 监测数据分析

包括应急监测工作量统计,应急监测预警实施全过程的监测数据统计结果、单因素历时曲线图、多因素关系曲线图等。

g) 监测成果评价

包括对发布的监测预警及预警级别汇总,地质灾害现状稳定性综合分析评价,地质灾害发展趋势预测分析。

h) 结论及建议

对应急监测预警全过程工作进行归纳总结,对后期工作的开展提出建议。

i) 附图及附表

1) 附图

 i) 突发地质灾害应急监测平面布置图。

 ii) 典型突发地质灾害应急监测系统剖面布置图。

2) 附表

 i) 监测工程量汇总表。

 ii) 监测原始数据汇总表。

3) 附件

应急抢险设计报告、照片、航片、录像片等。

本标准用词说明

1. 为方便在执行本标准条文时区别对待,对要求严格程度不同的词说明如下。
    1) 表示很严格,非这样做不可的:
       正面词采用"必须";
       反面词采用"严禁"。
    2) 表示严格,在正常情况下均应这样做的:
       正面词采用"应";
       反面词采用"不应""不得"。
    3) 表示允许稍有选择,在条件许可时首先应这样做的:
       正面词采用"宜""可";
       反面词采用"不宜"。
2. 条文中指定应按其他有关标准、规范执行时,写法为"应符合……的规定"或"应按……执行"。